350 ejercicios de sumas para 1º de Primaria

II

Proyecto Aristóteles

ISBN: 1495917118
ISBN-13: 978-1495917110

Para Adrián y Carlos.

CONTENIDOS

PARA COMENZAR

El blasón del Proyecto Aristóteles es el proverbio *usus, magíster egregius* (la práctica es el mejor maestro). El dominio de cualquier disciplina, incluidas las matemáticas, sólo puede adquirirse a través del ejercicio variado y constante. Éste es el motivo por el cual presentamos nuestra serie especial de ejercicios de sumas para Primero de Primaria. El presente volumen está dedicado a ejercitar el conocimiento de las sumas mediante variados ejercicios de sumas individuales, combinaciones, series, tablas, etc.

Completa usando los signos > < =

42 + 29	◯	16 + 30
13 + 53	◯	58 + 40
65 + 33	◯	24 + 44

¿Cómo se escriben los siguientes números?

80 ____________________

84 ____________________

85 ____________________

86 ____________________

Calcula.

$4+3=$	$2+3=$
$6+2=$	$4+4=$
$4+4=$	$6+3=$
$3+2=$	$5+2=$
$4+5=$	$3+3=$

¿Es verdadera o falsa la respuesta?
Si es falsa escribe el resultado correcto.

					Verdadero	Falso	Respuesta
7	+	5	=	12			
8	+	2	=	7			
4	+	6	=	9			
8	+	6	=	10			
4	+	5	=	8			
7	+	3	=	9			
3	+	9	=	12			

Suma en vertical. Coloca y calcula. (39)

	D	U
+		

	D	U
+		

	D	U
+		

	D	U
+		

14 + 15   22 + 5   37 + 21   52 + 24

Calcula.

+	2	1	5	4	9	6	8
6							
5							
2							
7							
3							
4							
8							

+ 2 + 4 + 2 + 4

4

+ 2 + 5 + 2

9

+ 3 + 3

7

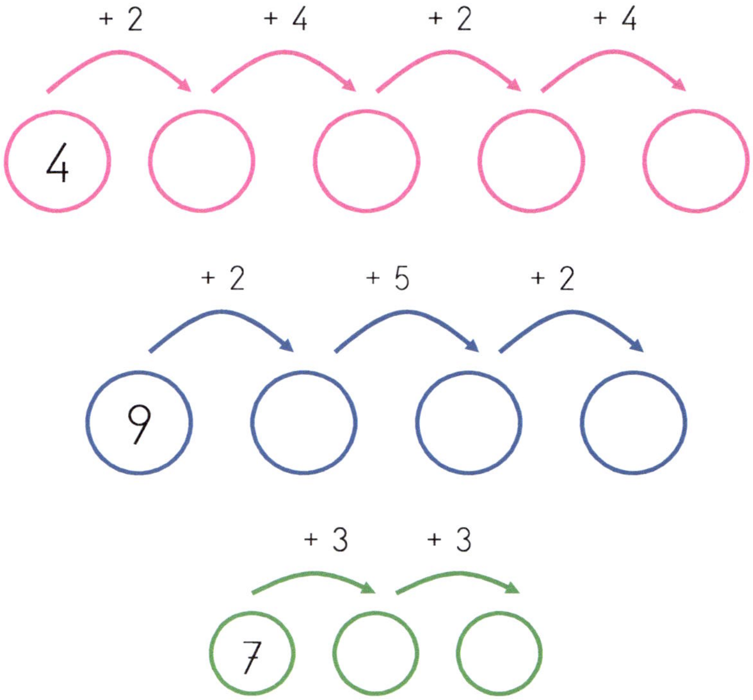

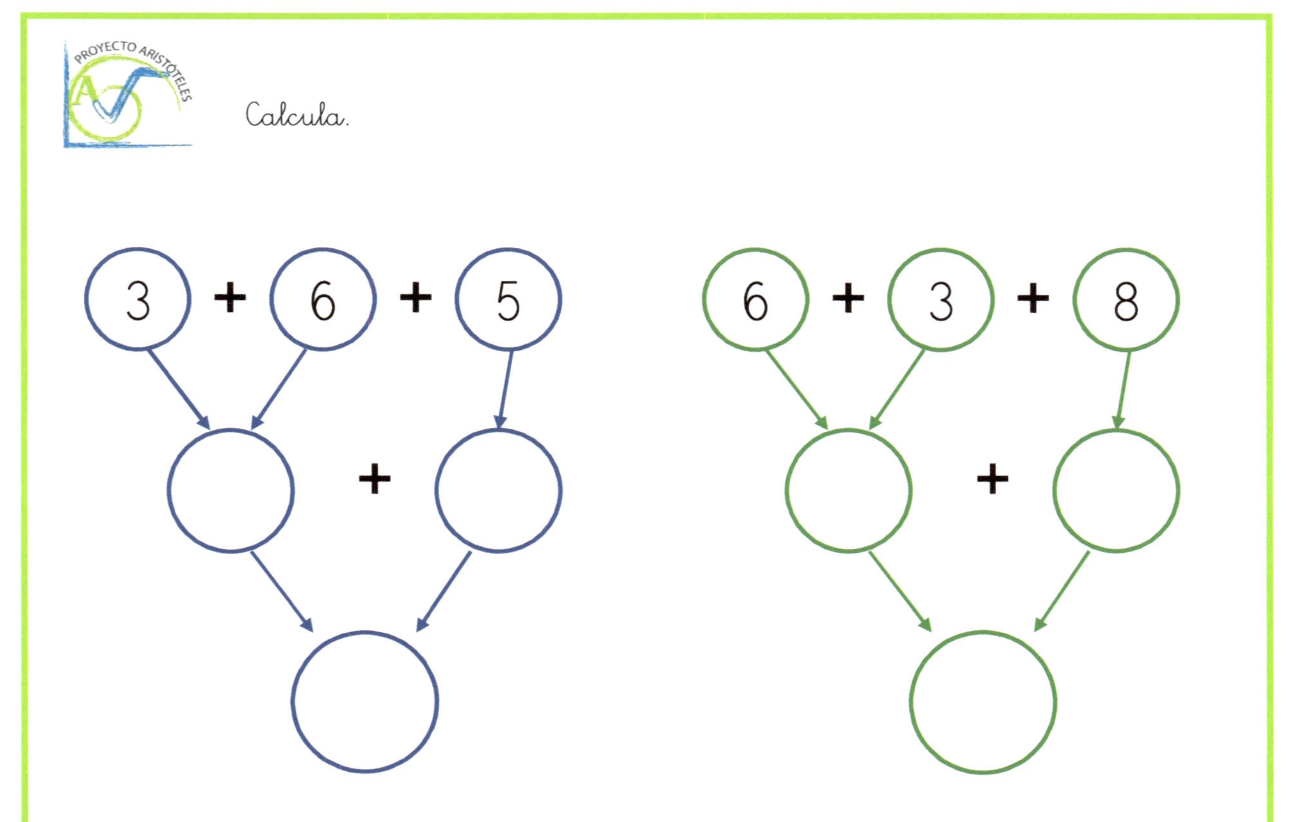
PROYECTO ARISTÓTELES
Calcula.
3 + 6 + 5
+
6 + 3 + 8
+

Completa usando los signos

> <

42 ◯ 39 12 ◯ 43

19 ◯ 21 35 ◯ 16

24 ◯ 37 30 ◯ 40

Completa usando los signos > < =

26 + 22 ◯ 13 + 51

39 + 50 ◯ 14 + 55

45 + 35 ◯ 22 + 27

¿Cómo se escriben los siguientes números?

98 ____________________

91 ____________________

94 ____________________

97 ____________________

Calcula.

$4+4=$

$6+2=$

$7+1=$

$8+2=$

$2+3=$

$5+3=$

$3+4=$

$7+3=$

$4+2=$

$6+4=$

¿Es verdadera o falsa la respuesta?
Si es falsa escribe el resultado correcto.

					Verdadero	Falso	Respuesta
2	+	9	=	11			
8	+	5	=	10			
4	+	7	=	7			
5	+	8	=	9			
5	+	6	=	11			
7	+	3	=	6			
2	+	4	=	6			

Suma en vertical. Coloca y calcula. (39)

	D	U
+		

67 + 22

	D	U
+		

26 + 33

	D	U
+		

54 + 23

	D	U
+		

76 + 21

Calcula.

+	9	2	3	4	5	6	7
3							
9							
2							
7							
1							
4							
8							

Ordena los siguientes números de mayor a menor.

25 5 3 18 7 20 12 6

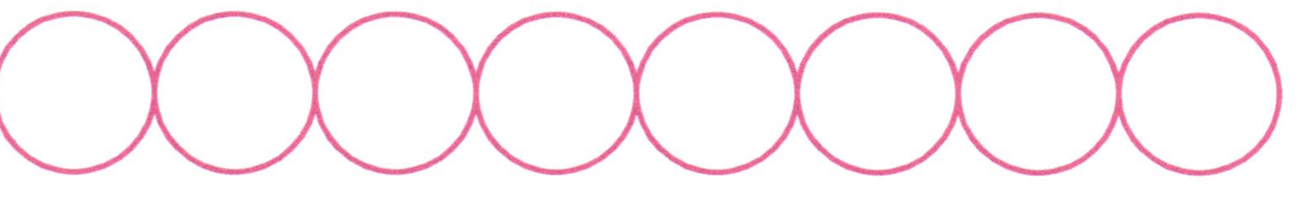

Calcula.

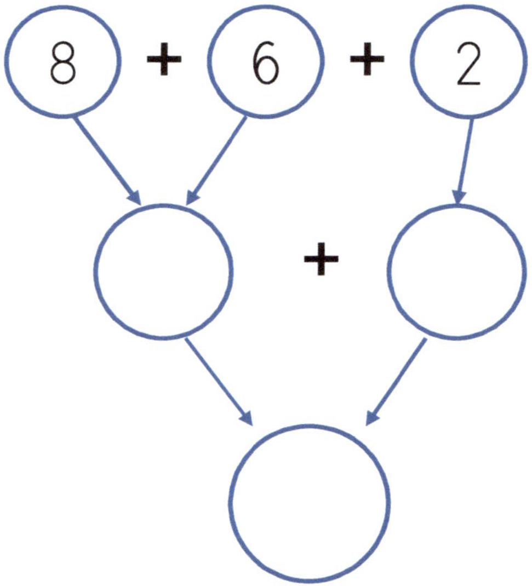

8 + 6 + 2

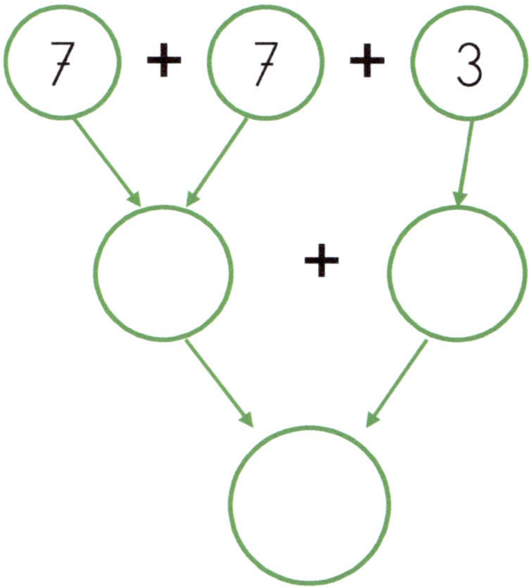

\+

7 + 7 + 3

\+

Completa usando los signos

> <

22	◯	41	33	◯	13
27	◯	34	28	◯	48
36	◯	25	73	◯	79

Completa usando los signos > < =

34 + 21 ◯ 16 + 50

27 + 30 ◯ 45 + 32

38 + 40 ◯ 23 + 42

¿Cómo se escriben los siguientes números?

35 ____________________

10 ____________________

22 ____________________

16 ____________________

PROYECTO ARISTÓTELES

Calcula.

5+5=	4+4=
4+2=	6+4=
4+5=	7+2=
6+2=	3+5=
5+1=	3+4=

¿Es verdadera o falsa la respuesta?
Si es falsa escribe el resultado correcto.

					Verdadero	Falso	Respuesta
2	+	8	=	9			
7	+	5	=	9			
4	+	7	=	11			
5	+	5	=	10			
2	+	7	=	5			
7	+	3	=	9			
5	+	4	=	9			

Suma en vertical. Coloca y calcula. (39)

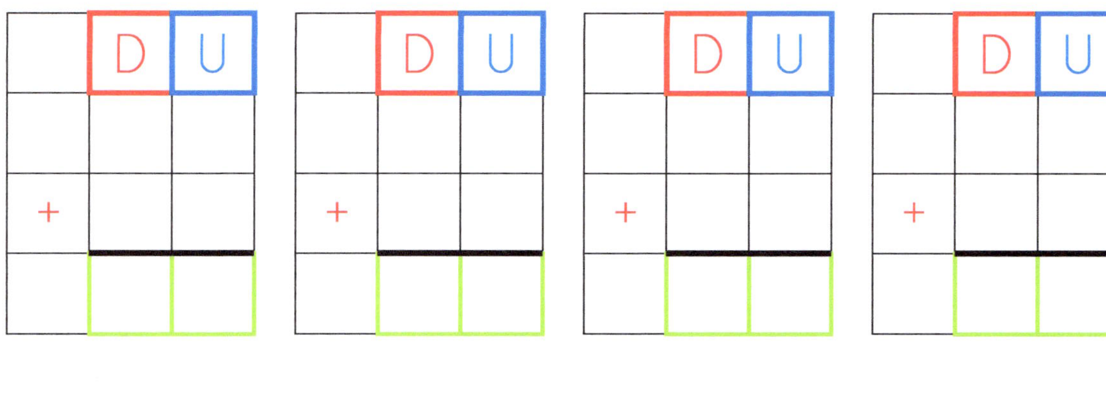

28 + 11

53 + 15

23 + 45

36 + 12

Calcula.

+	2	7	6	4	3	6	8
3							
5							
6							
7							
1							
4							
8							

PROYECTO ARISTÓTELES

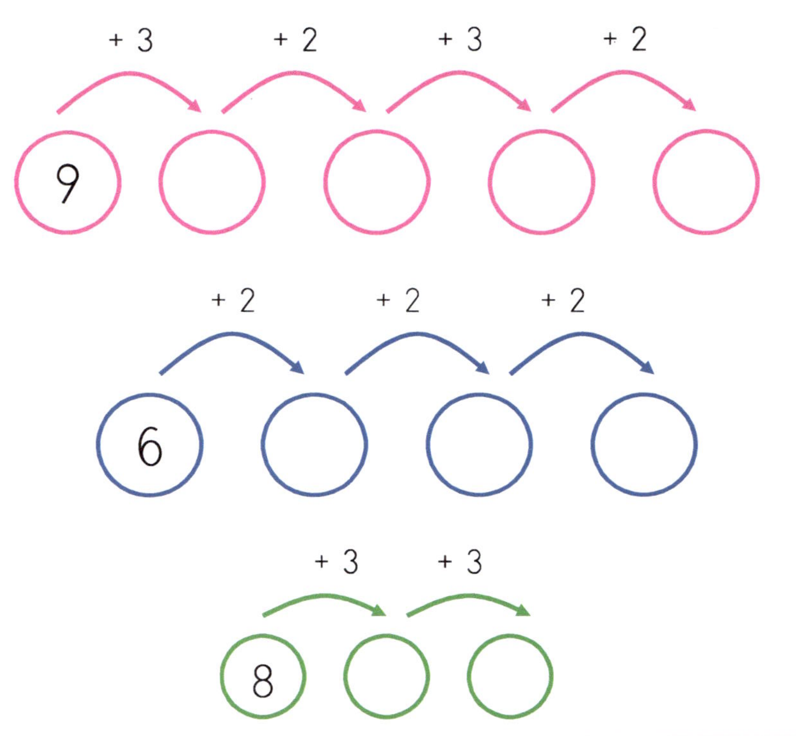

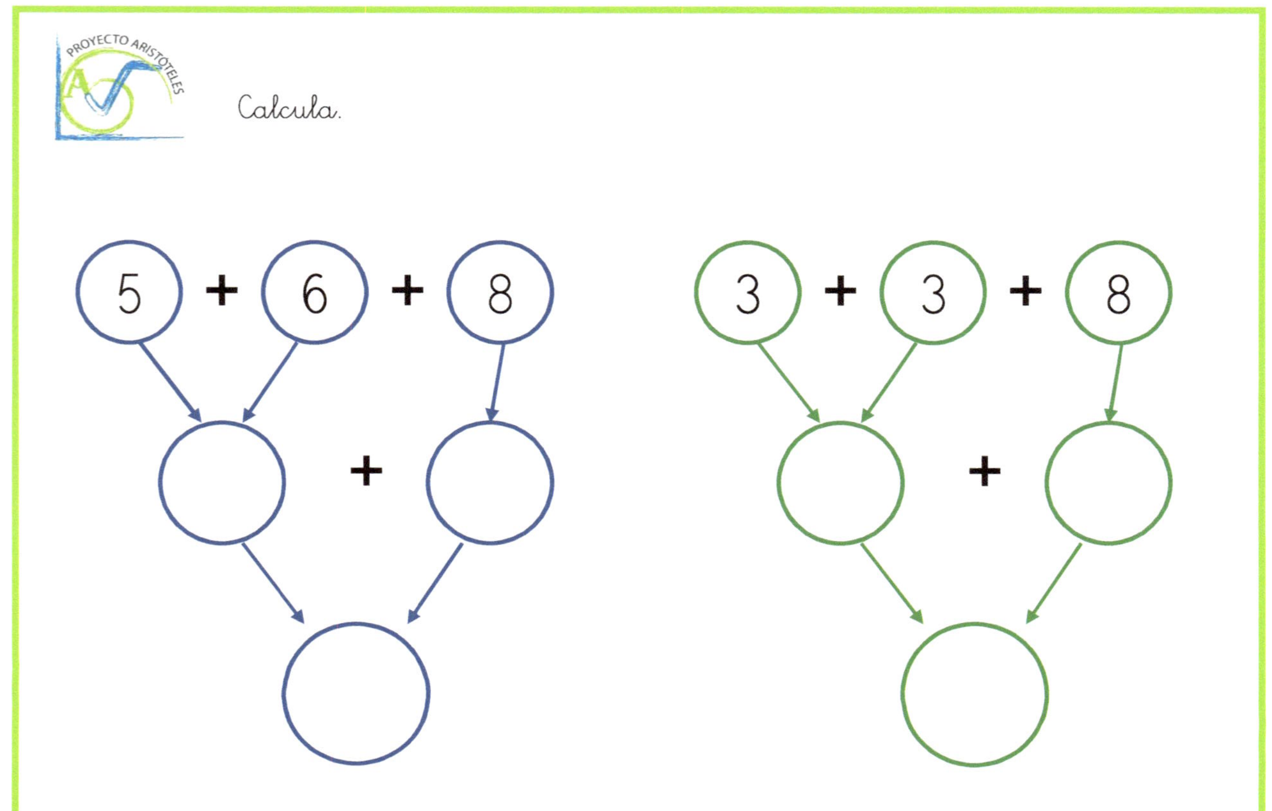
PROYECTO ARISTÓTELES
Calcula.
5 + 6 + 8
+
3 + 3 + 8
+

Completa usando los signos > <

59	○	55		26	○	23
32	○	43		48	○	41
81	○	90		39	○	32

Completa usando los signos > < =

32 + 56	◯	49 + 50
25 + 34	◯	33 + 25
47 + 41	◯	24 + 52

¿Cómo se escriben los siguientes números?

11 ______________________

53 ______________________

39 ______________________

28 ______________________

Calcula.

$5+3=$

$2+6=$

$4+5=$

$8+2=$

$6+1=$

$7+3=$

$3+4=$

$6+3=$

$8+2=$

$2+4=$

¿Es verdadera o falsa la respuesta?
Si es falsa escribe el resultado correcto.

					Verdadero	Falso	Respuesta
3	+	9	=	8			
8	+	2	=	6			
4	+	7	=	11			
6	+	5	=	7			
8	+	4	=	10			
7	+	9	=	16			
5	+	4	=	7			

Suma en vertical. Coloca y calcula. (39)

	D	U
+		

	D	U
+		

	D	U
+		

	D	U
+		

69 + 10

84 + 15

55 + 14

46 + 23

Calcula.

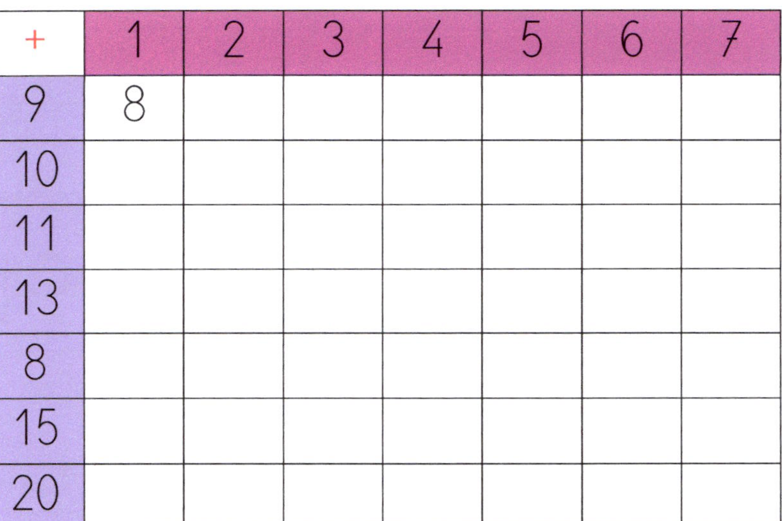

+	1	2	3	4	5	6	7
9	8						
10							
11							
13							
8							
15							
20							

Ordena los siguientes números de mayor a menor.

15 6 1 22 9 21 17 8

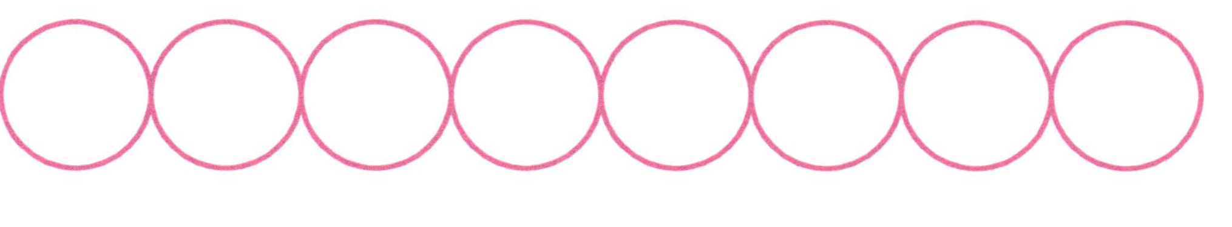

Calcula.

5 + 6 + 2

+

6 + 4 + 8

+

Completa usando los signos > <

33 ◯ 14

76 ◯ 58

15 ◯ 40

25 ◯ 31

13 ◯ 16

43 ◯ 34

Completa usando los signos > < =

12 + 33 ◯ 57 + 20

48 + 51 ◯ 35 + 54

32 + 44 ◯ 46 + 50

¿Cómo se escriben los siguientes números?

29 ____________________

67 ____________________

33 ____________________

85 ____________________

Calcula.

$4+6=$	$1+8=$
$2+5=$	$3+4=$
$4+2=$	$5+4=$
$3+5=$	$3+2=$
$9+1=$	$1+4=$

¿Es verdadera o falsa la respuesta?
Si es falsa escribe el resultado correcto.

					Verdadero	Falso	Respuesta
7	+	5	=	13			
8	+	2	=	10			
9	+	6	=	14			
8	+	6	=	25			
10	+	5	=	15			
7	+	3	=	4			
9	+	3	=	12			

Suma en vertical. Coloca y calcula. (39)

	D	U
+		

76 + 12

	D	U
+		

42 + 15

	D	U
+		

63 + 36

	D	U
+		

21 + 47

PROYECTO ARISTÓTELES

Calcula.

+	2	1	9	4	3	6	8
3							
9							
2							
7							
1							
4							
8							

+ 6 + 6 + 6 + 6

6 ○ ○ ○ ○

+ 4 + 4 + 4

8 ○ ○ ○

+ 3 + 3

6 ○ ○

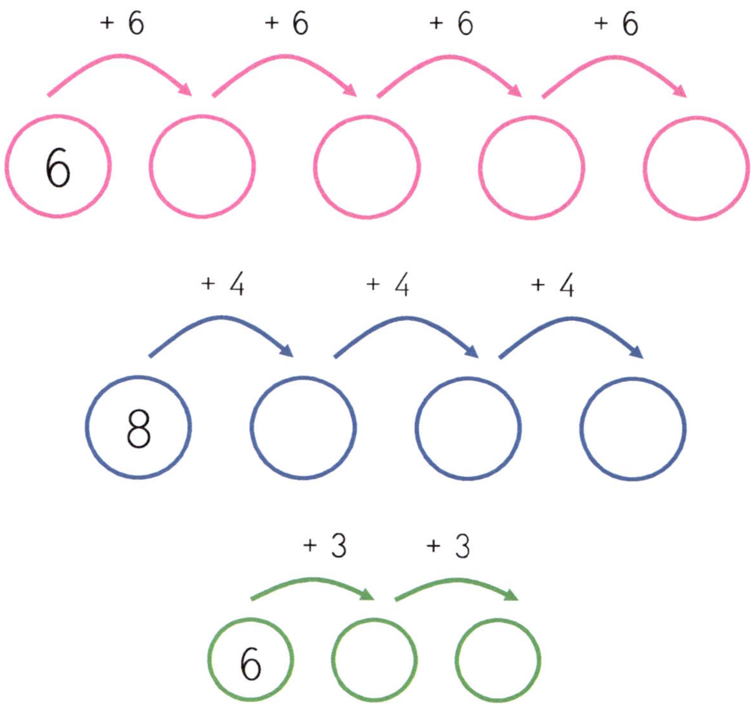

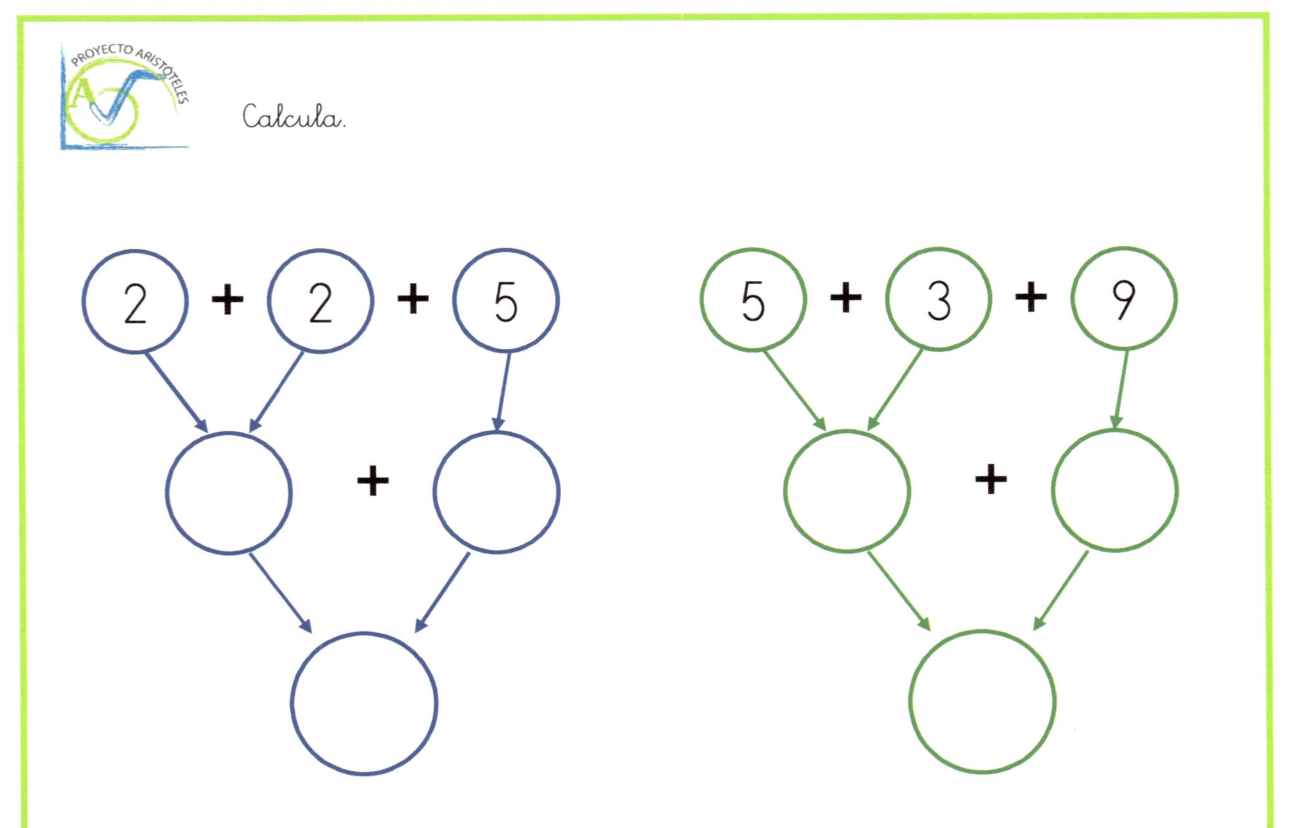
PROYECTO ARISTÓTELES
Calcula.
2 + 2 + 5
+
5 + 3 + 9
+

Completa usando los signos

> <

29 ◯ 48

13 ◯ 35

49 ◯ 50

25 ◯ 43

38 ◯ 27

33 ◯ 32

Completa usando los signos > < =

$56 + 31 \bigcirc 19 + 20$

$43 + 50 \bigcirc 34 + 42$

$25 + 41 \bigcirc 12 + 44$

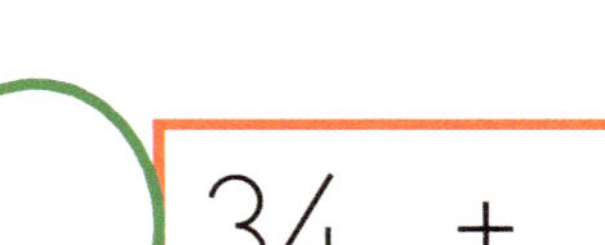

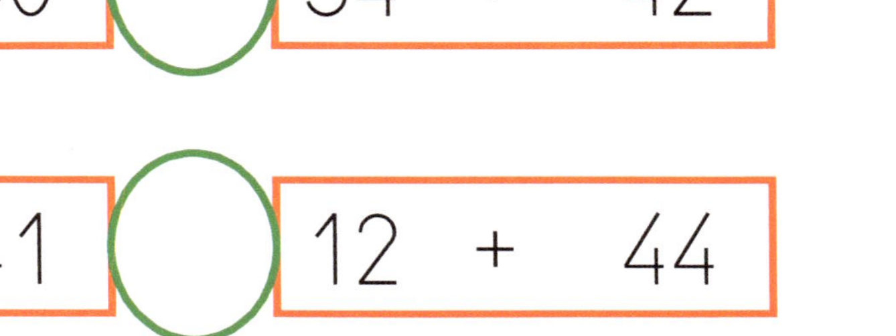

¿Cómo se escriben los siguientes números?

12 ____________________

18 ____________________

25 ____________________

72 ____________________

Calcula.

$3+3=$	$8+2=$
$4+2=$	$3+4=$
$4+6=$	$5+3=$
$6+2=$	$2+8=$
$7+3=$	$5+4=$

¿Es verdadera o falsa la respuesta?
Si es falsa escribe el resultado correcto.

					Verdadero	Falso	Respuesta
9	+	6	=	3			
8	+	5	=	10			
4	+	9	=	13			
8	+	5	=	9			
9	+	5	=	4			
7	+	3	=	6			
8	+	14	=	20			

Suma en vertical. Coloca y calcula. (39)

	D	U
+		

26 + 11

	D	U
+		

34 + 21

	D	U
+		

52 + 17

	D	U
+		

31 + 45

Calcula.

+	9	2	3	4	5	6	7
3							
9							
2							
7							
1							
4							
8							

Ordena los siguientes números de mayor a menor.

28 5 3 19 7 23 19 2

PROYECTO ARISTÓTELES

Calcula.

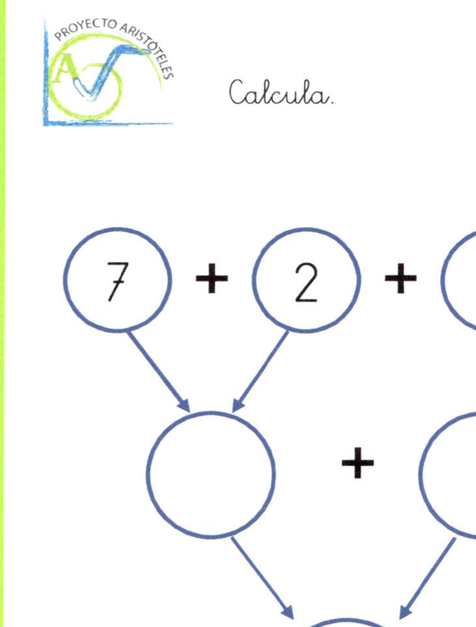

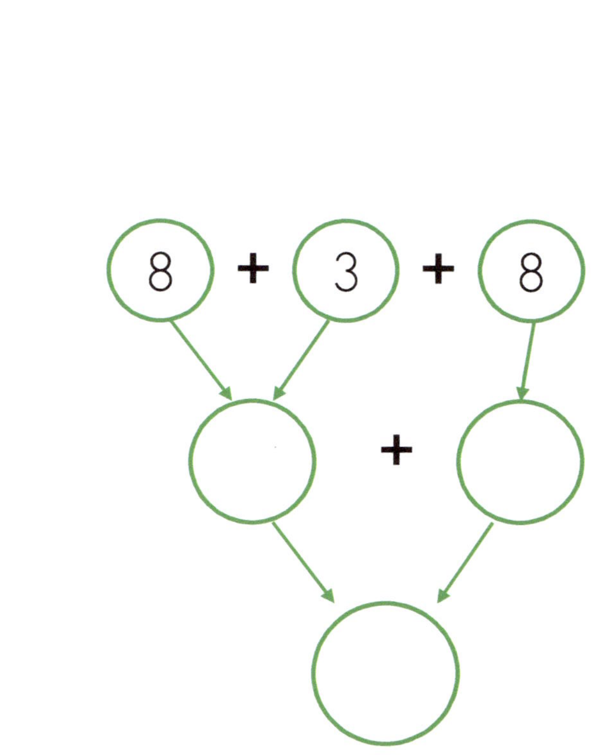

Completa usando los signos

> <

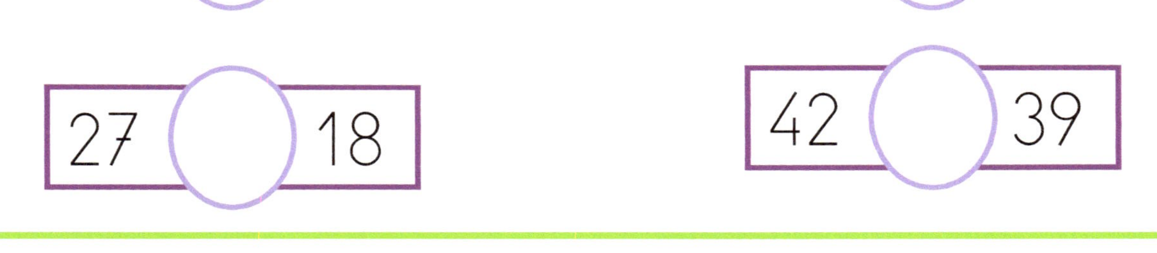

18 ◯ 32

54 ◯ 59

27 ◯ 18

20 ◯ 39

75 ◯ 77

42 ◯ 39

Completa usando los signos > < =

39 + 40 ◯ 35 + 44

54 + 23 ◯ 26 + 32

13 + 55 ◯ 52 + 46

¿Cómo se escriben los siguientes números?

16 ____________________

26 ____________________

15 ____________________

20 ____________________

Suma.

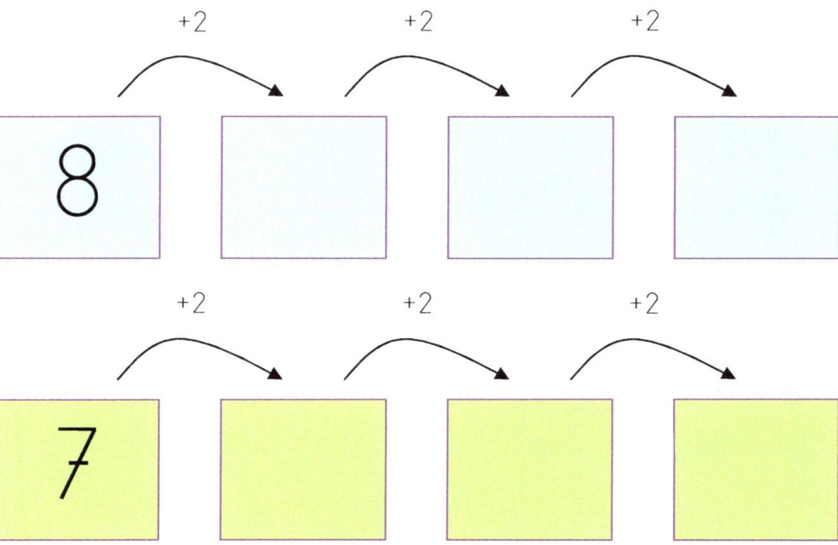

Calcula.

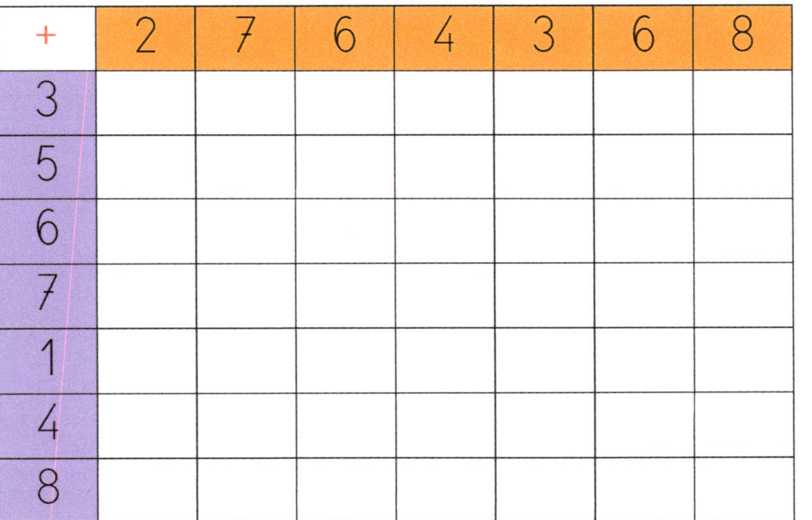

+	2	7	6	4	3	6	8
3							
5							
6							
7							
1							
4							
8							

Suma.

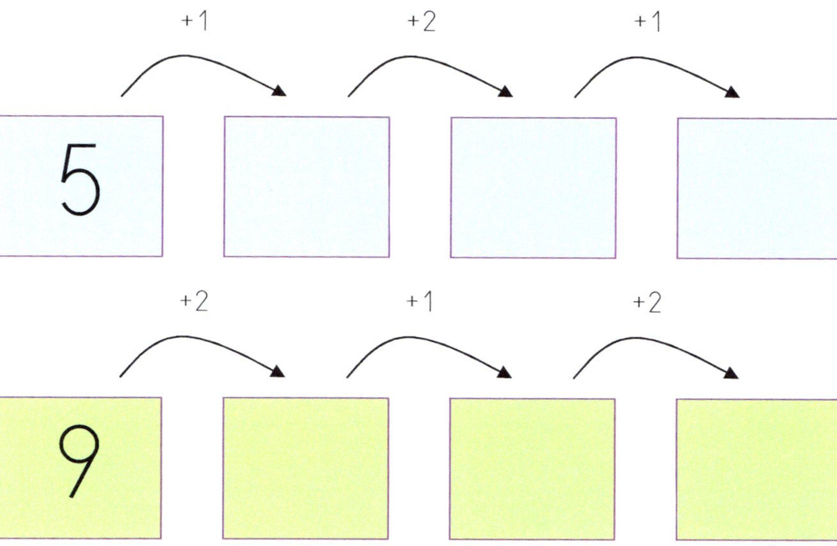

Calcula.

+	1	2	3	4	5	6	7
3	4						
5							
2							
7							
1							
4							
8							

PROYECTO ARISTÓTELES

Suma.

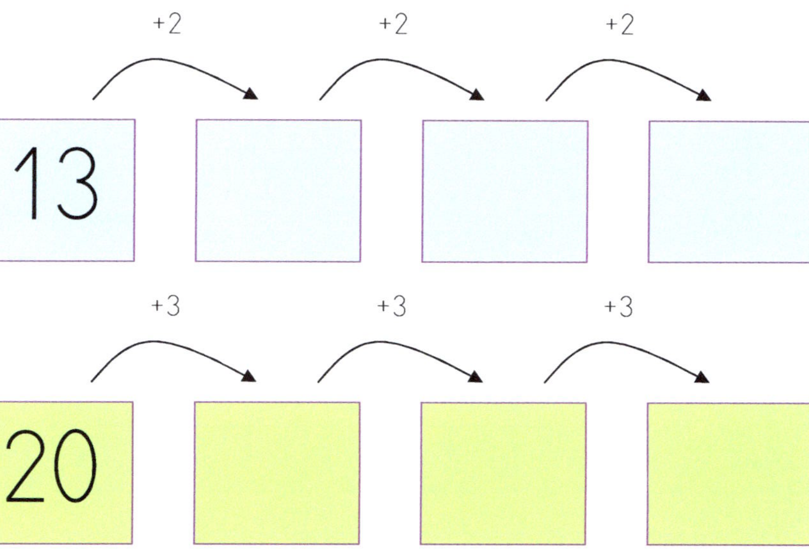

Calcula.

+	2	1	6	4	3	6	8
3							
5							
2							
7							
1							
4							
8							

PROYECTO ARISTÓTELES

Suma.

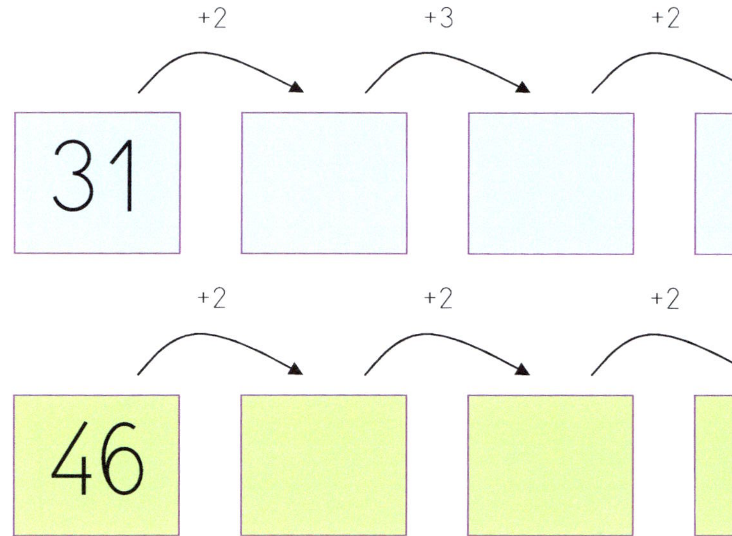

Calcula.

+	9	2	3	4	5	6	7
3							
9							
2							
7							
1							
4							
8							

PROYECTO ARISTÓTELES

Suma.

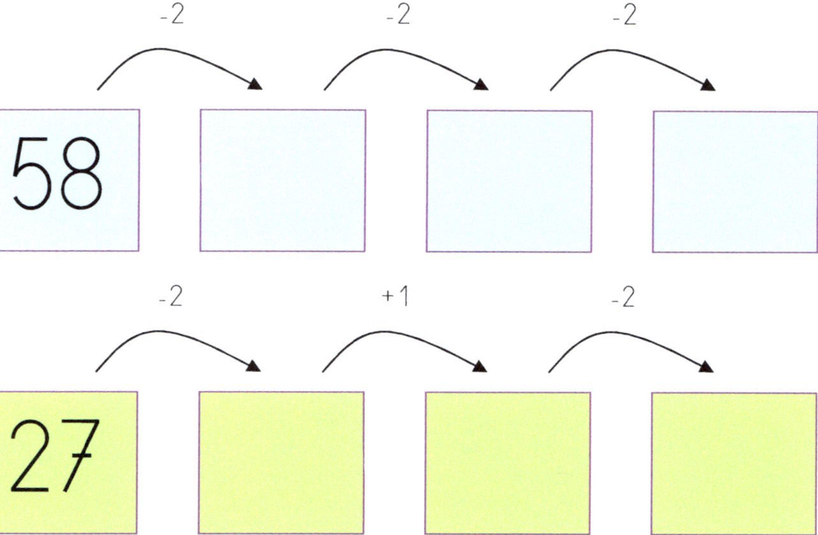

Suma.

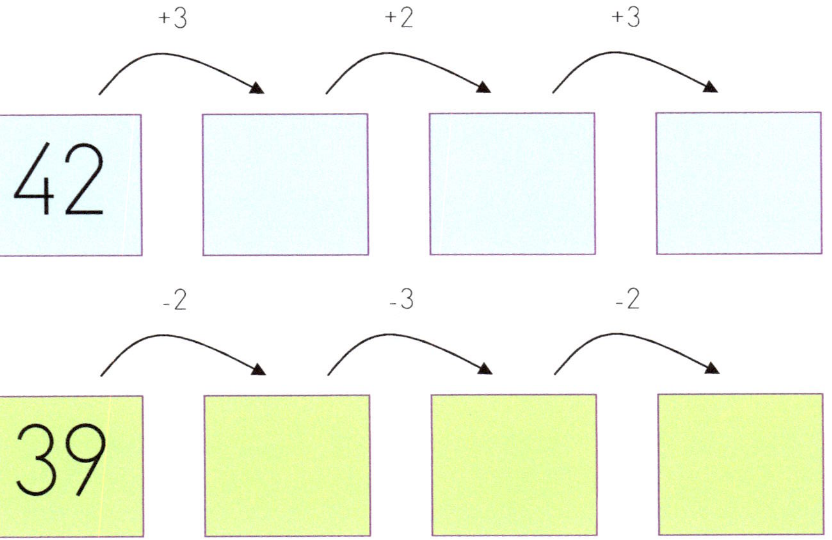

PROYECTO ARISTÓTELES

Suma.

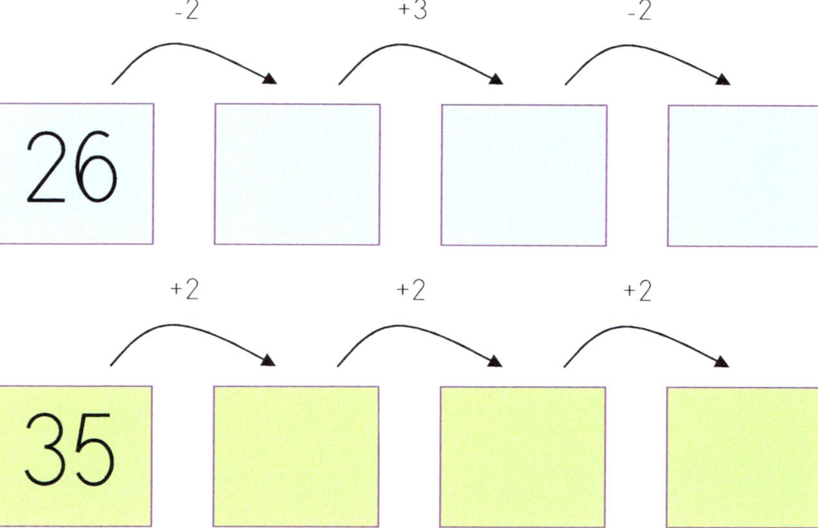

Suma.

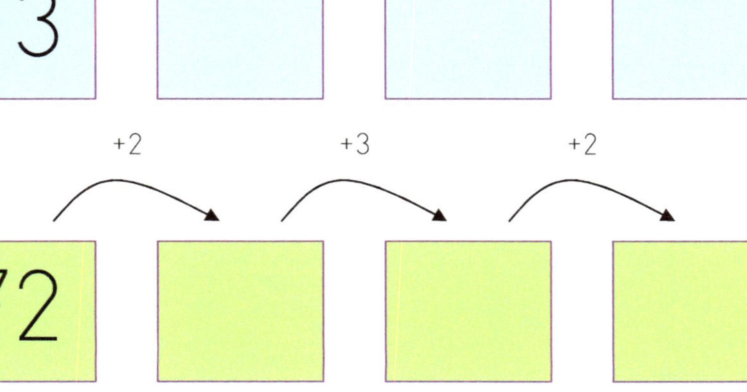

PROYECTO ARISTÓTELES

Suma.

Suma.

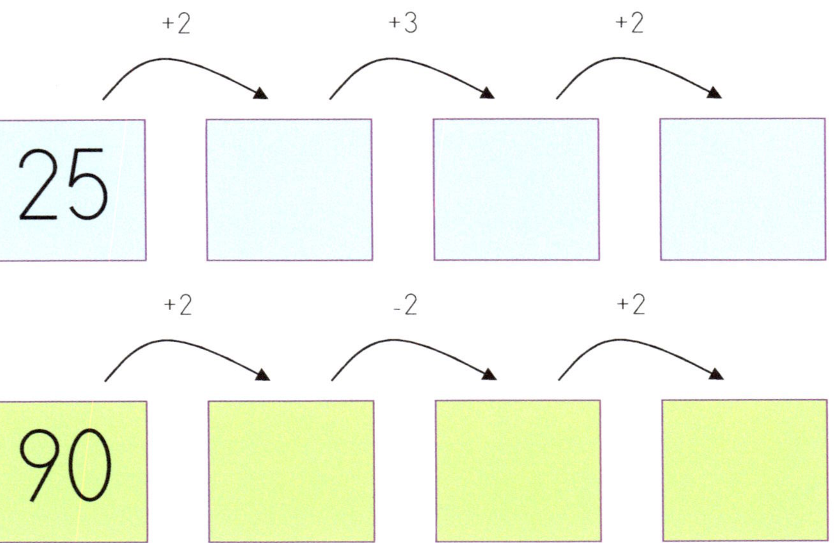

www.ingramcontent.com/pod-product-compliance
Lightning Source LLC
LaVergne TN
LVHW071804230826
846093LV00019B/4

* 9 7 8 1 4 9 5 9 1 7 1 1 0 *